KB244579

韩式厨房料理小秘籍
(韩式家常)

韩式厨房料理小秘籍(韩式家常)

초판 1쇄 발행 • 2016년 11월 10일

지은이 • 한경임 · 전미향
펴낸이 • 이재호
펴낸곳 • 리북
등 록 • 1995년 12월 21일 제406-1995-000144호
주 소 • 경기도 파주시 광인사길 68, 2층
전 화 • 031-955-6435
팩 스 • 031-955-6437
www.leebook.com

정 가 • 13,000원

ISBN 978-89-97496-42-6

韩式厨房料理小秘籍
（韩式家常）

韩京任・全美香

리북 LEEBOOK

　　欢迎来到韩国家庭厨房！这本书提供的内容可以让对韩国饮食和文化感兴趣的人获得更多的了解和操作方法。韩国料理变化多样，随着季节的变换，使用各种不同的配料和食材来做出花样繁多的菜肴。我们精心挑选了上手简单，并且广为人知的人气菜谱。让韩式料理的新手们在动手的过程中花费最小的心血，感受到最大限度的满足。

　　这本书中包括了料理制作中涉及到食材的介绍，制作过程方法，注意事项以及多种多样的菜单。其中大部分的料理可以在一小时以内完成。比如紫菜拌饭，鸡蛋卷和土豆饼。只有排骨汤和参鸡汤这两种料理因事先准备程序复杂，大概需要花费两个小时。我们选择这些料理的理由是让读者们付出的时间和努力可以事半功倍。

　　我们希望这本料理小秘籍可以像故旧好友一样引导读者们挑战韩国料理的第一步。韩国料理是低脂低热量、富含均衡营养的健康饮食。我们相信，这些传统的韩国家常料理会使您沉浸在韩国美食的无限魅力之中。

"맛있게 드세요!"（韩国人餐前的常用语，意思是'请美美地享用吧'）

韩京任·全美香

目录

Recipes

土豆饼

Gamjajeon

 ## 材料

- 土豆 (中等大小)　　　　4个
- 植物油或橄榄油　　　　30克
- 苏子油 (香油)　　　　　5克
- 盐, 黑胡椒粉

准备工序

1. 土豆去皮, 用冷水洗净。
2. 将一半切成丝, 在将另一半用搅拌机打成土豆泥。

요리과정 ____________________________________

1. 곱게 채 썬 감자를 준비한다. 2. 볼에 곱게 간 감자를 넣고 소금과 후추로 간을 한다. 3. 조금 가열된 팬에 기름을 두르고 반죽을 넣어서 얇게 편다. 4. 가장자리에 하얀 거품이 오르면 재빠르게 뒤집어 노릇하고 바삭하게 구워낸다.

制作方法

Cooking Tip

土豆丝切得越细，煎出来的土豆饼口感就会更佳酥脆。

1. 土豆去皮洗净

2. 土豆一半切丝，另一半打成土豆泥放入碗中混合，加入适当的盐和黑胡椒搅拌均匀。

3. 平底锅加热倒入橄榄油（植物油），用炒勺取土豆平铺在锅内压成薄饼。

4. 待边缘起泡后，迅速翻面煎至金黄酥脆为止。

配着酱油一起食用，更可以与韩国传统米酒一起享用。
与西方的披萨比较一下，您更喜欢哪个呢？

MEMO

脊骨土豆汤

Pork Back-bone Stew

 **材料**

材料	分量	调味料	分量
• 挑选较大的土豆	6个	• 辣椒粉	100克
• 猪脊骨	300克	• 蒜泥	50克
• 干萝卜缨	150克	• 姜沫	3克
• 白菜帮	150克	• 虾酱	50克
• 大葱	2颗	• 韩式酱油	80克
• 洋葱	150克	• 清酒或烧酒	1/3勺
• 干芝麻叶	100克	• 黑胡椒粉	3克
• 辣椒粉	30克		
• 芝麻粉	200克		
• 大蒜	5个		
• 大酱	150克		
• 姜	10克		
• 烧酒	2勺		
(韩国烧酒或者清酒或米酒)			
• 盐			

요리과정 ____

1. 돼지고기를 차가운 물에 4~5시간 동안 담가서 핏물을 뺀다. 2. 돼지고기를 한번 살짝 끓여서 물을 버린 후, 새로운 물을 부어서 돼지고기에 된장을 풀어 넣는다. 3. 감자, 양파, 파, 생강, 마늘 그리고 청주나 소주와 함께 넣고 재료들이 우러 나올 때까지 중불에서 2~3시간 동안 푹 익힌다. 4. 우거지를 양념으로 버무리고 손으로 잘 섞어 둔다. 5. 2번의 재료들이 우러나오면 양파와 파를 꺼내고 양념한 우거지를 넣어 5분간 더 끓인 뒤 소금으로 간을 하고 잘게 썬 파, 깻잎, 청양고추를 곁들인다.

制作方法

1. 用刀将猪脊骨切好, 放入凉水中浸泡4-6个小时去除血水。(中途需要换一次水)

2. 为了除去血和腥味, 需要将脊骨进行水煮。在锅中倒入末过脊骨的水后煮开, 第一次煮之后换水, 放入大酱后再次煮开后调至中火, 经过2-3小时将脊骨完全煮熟。

3. 用白酱水将准备材料中的干萝卜缨与土豆和白菜帮煮熟。

4. 将煮好的干萝卜缨雨白菜帮与调味料搅拌并调味。

5. 将肉汤里面的大葱和洋葱捞出, 然后将调好味的干萝卜缨, 白菜帮和土豆放入后在煮5分钟, 放入盐来调味。再放入准备好的大葱和芝麻叶(苏子叶), 小辣椒等。

MEMO

韩式鸡蛋卷

Gyelanmali

 材料

- 鸡蛋　　　　　　　3个
- 植物油　　　　　　1勺
- 盐

요리과정 ____________________________

1. 계란을 풀어서 소금으로 간을 한다. 2. 팬에 기름을 두른 뒤 달군다. 팬에 계란을 붓고 약한 불로 익힌다.
3. 가장자리가 익기 시작하면 주걱을 이용해서 계란을 조심스럽게 말고 떨어지지 않게 누른다.

制作方法

1. 把鸡蛋搅拌成均匀的蛋液，加盐调味。

2. 放入植物油把锅烧热后，将准备好的蛋液放入锅中并调至小火。

3. 当鸡蛋开始变色后，用铲子小心地将鸡蛋卷起到其完全成为鸡蛋卷。

MEMO

烤鲅鱼(煎)

Godeungeo Gui

材料

• 新鲜的鲅鱼	一条
• 盐	少许
• 植物油	2勺
• 柠檬	1/4个
• 面粉	1/4杯

准备工序

1. 清洗鲅鱼并去除鱼头、内脏、鱼骨和鱼鳍。
2. 将鱼切成段（如图）

요리과정 ____

1. 고등어를 손질해서 깨끗이 씻은 후 키친타월로 물기를 닦아 내고 소금을 약간 친 후, 생선에 밀가루를 입힌다.
2. 달궈진 팬에 기름을 두르고 고등어를 굽는다. 이때 팬의 뚜껑을 열어야 고등어가 바삭하게 구워진다. 3. 기호에 따라 후추나 레몬즙을 고등어에 뿌려서 먹는다.

制作方法

1. 把鲅鱼处理并清洗后用厨房用纸吸除水分，撒入适当的盐来入味。

2. 锅内刷上油后把鱼放入锅中煎烤。注：一定不要盖锅盖，会影响酥脆的口感。

3. 根据个人喜好可以撒少许胡椒粉或者柠檬汁，也可以沾酱油加辣根一起享用。

MEMO

紫菜包饭

Gimbap

 ## 材料

- 熟米饭　　　　　　　200克
- 干紫菜　　　　　　　1张
- 甜萝卜干　　　　　　20g
- 胡萝卜　　　　　　　1根
- 牛蒡　　　　　　　　200g
- 蟹肉棒　　　　　　　200g
- 火腿　　　　　　　　150g
- 鱼糕　　　　　　　　150g

米饭调味料

- 香油　　　　　　　　1/2勺
- 盐

准备工序

1. 把菠菜在开水中焯一下，用冷水冷却。去水分后撒一些盐刷点香油。

2. 蒸熟的胡萝卜微炒一下，撒点盐。

3. 火腿和鱼糕切细条，炒一下。

4. 把甜萝卜、牛蒡和蟹肉棒切细条。

요리과정 _______________________________________

1. 밥 한 공기를 소금과 참기름으로 간을 한다. 2. 간을 한 밥을 김 위에 펴듯이 놓고 준비한 재료를 차례로 얹는다.
3. 김을 말아 둥근 모양으로 만든다.

制作方法

① 在上述基本材料的基础上, 可以加入芝士, 制成芝士紫菜卷。

② 也可以在上述基本材料的基础上放上苏子叶和吞拿鱼罐头和
　　蛋黄酱。

1. 煮好的饭放在一个大的容器里面, 放适当的盐和香油搅拌。

2. 把米饭放在紫菜上铺平。把准备好的材料逐个放在米饭上面。

3. 从一头将材料卷成卷。

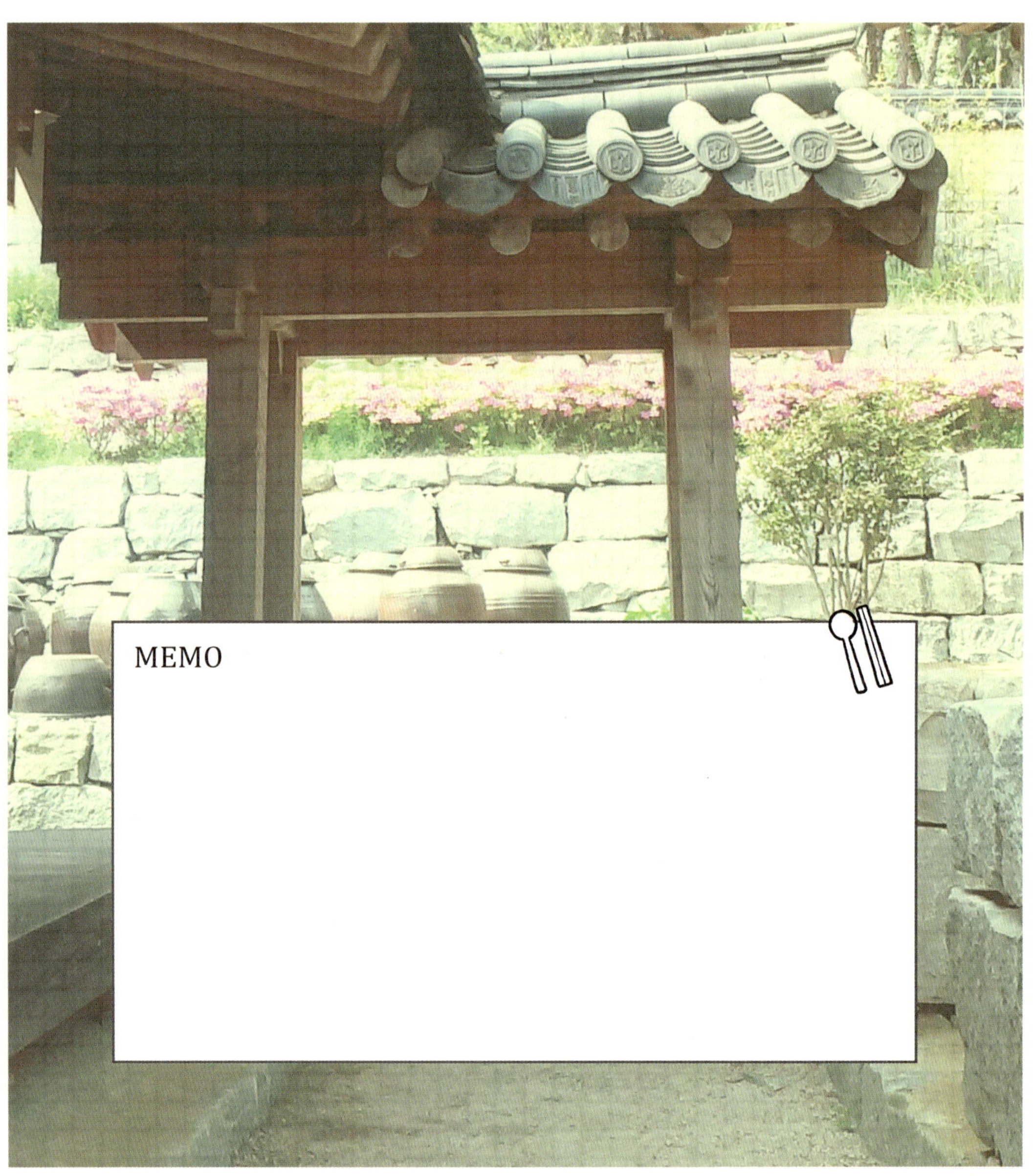

MEMO

辣白菜炒饭

Kimchi Bokkeumbap

 ## 材料

• 辣白菜	200克
• 米饭	1碗
• 葱	30克
• 糖	5克
• 辣椒酱	1勺
• 香油	1/2勺
• 芝麻油	1勺
• 鸡蛋	1个
• 辣白菜汁	2勺
• 植物油	40克

调味汁

• 在切碎的辣白菜中加入白糖、辣椒酱、香油和辣白菜汁并搅拌均匀。

准备工序

1. 把辣白菜切好加入调味汁。

2. 洋葱去皮切好。

요리과정 ______________________________________

1. 달궈진 팬에 기름을 두르고 잘게 썰어 양념한 김치를 볶는다. 2. 볶은 김치에 밥을 넣고 볶다가 길게 썬 양파를 넣고 다시 볶는다. 필요하면 기름을 더 넣을 수 있다. 3. 잘게 썬 파를 넣어서 함께 볶는다. 4. 참기름을 넣고 살짝 볶으면서 재료를 잘 섞는다. 5. 프라이 한 계란을 얹어서 내거나 먹기 직전 날계란을 깨서 밥 위에 얹어서 낸다.

制作方法

1. 在锅里均匀地倒入油，放入用调味汁腌好的辣白菜，翻炒至熟。

2. 放入米饭，然后使米饭与作料搅拌均匀。

3. 放入葱充分翻炒。

4. 放入香油并盛出炒饭。

5. 将煎好的鸡蛋盖在炒饭上。

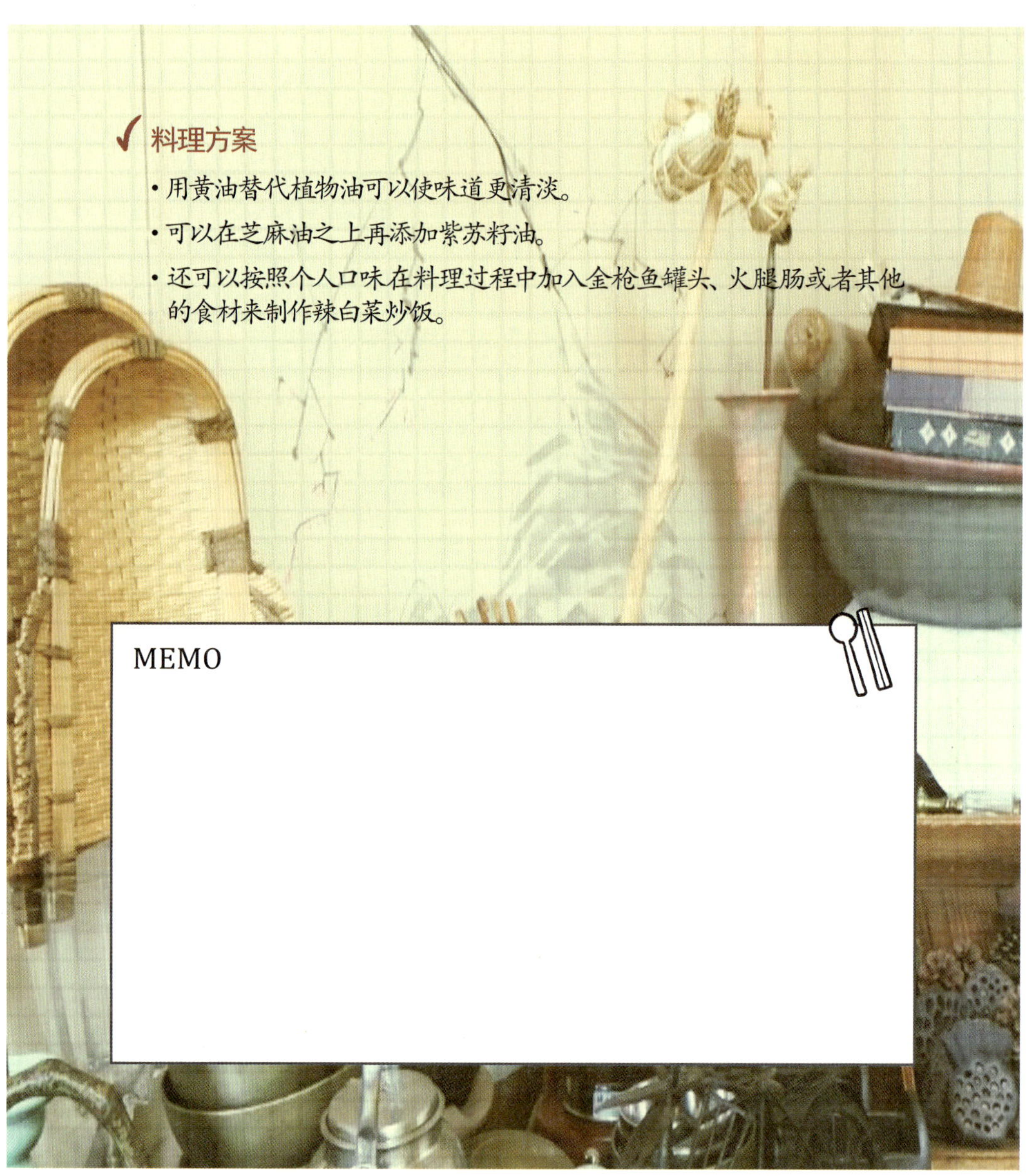

料理方案

• 用黄油替代植物油可以使味道更清淡。

• 可以在芝麻油之上再添加紫苏籽油。

• 还可以按照个人口味在料理过程中加入金枪鱼罐头、火腿肠或者其他
  的食材来制作辣白菜炒饭。

MEMO

猪肉辣白菜汤

Doejigogi Kimchi Jjigae

 ## 材料

· 辣白菜	半颗
· 猪肉	100克
· 豆腐	170克
· 大葱	1颗
· 胡椒粉	1/2勺

猪肉调味汁

· 蒜泥	1勺
· 姜沫	1/2勺
· 辣椒粉	1勺
· 植物油	1勺
· 水	3勺
· 胡椒粉	少许

准备工序

1. 将辣白菜脱汁，并切成大约5厘米大小的块状，再另准备好辣白菜汁。

2. 将猪肉切成小块薄片，将调味汁与猪肉均匀搅拌后放置30分钟入味。

3. 豆腐切块备好。

4. 将葱斜着切成段备好。

요리과정 ______________________

1. 냄비를 뜨겁게 달구어 식물성기름을 두르고 양념한 돼지고기를 넣어 볶는다. 2. 고기 표면이 하얗게 익으면 김치를 넣어 볶는다. 3. 김치에 기름이 입혀지고 부드러워지면 물과 고춧가루를 넣어 풀어 준다. 4. 두부와 다진 파를 넣어서 끓인다.

制作方法

① 按照喜好来调节辣白菜的硬度, 煮的时间可以控制辣白菜的口感!

② 辣白菜的种类不同会使辣白菜汤的味道变化。

1. 把锅烧热后放入植物油, 将腌制后的猪肉翻炒至猪肉表面发白。

2. 放入辣白菜一起翻炒

3. 将辣白菜炒至发软并且有油光, 放入水和辣椒粉充分搅拌。

4. 辣白菜完全变软熟透后, 放入准备好的豆腐和葱, 使味道融合。

✓ **料理方案**

1. 可以使用鳀鱼高汤做汤底。

2. 汤里面可以放秋刀鱼或者金枪鱼罐头来替代猪肉。

3. 用豆芽和明太鱼的汤做汤底可以使汤更佳爽口。

猪肉辣白菜汤是韩国人餐桌上不可缺少的美食，
猪肉和辣白菜是非常赞的组合！

MEMO

豆腐大酱汤

Dubu Doenjang Jjigae

 **材料**

・豆腐 半块	250克
・牛胸脯肉	50克
・干香菇	2个
・西葫芦	1/4个
・洋葱	1/3个
・红辣椒	1个
・大葱 (葱白)	1/2个
・蒜泥	2勺
・大酱	2勺

鳀鱼高汤

・干鳀鱼	20克
・水	3杯半

准备工序

1. 把豆腐切成2厘米大小的块状。

2. 为了口感清爽，牛肉切成条状，用冷水泡30分钟去除血水。

3. 将干香菇泡开，待变软后切成丁。

4. 西葫芦切成薄片。

5. 洋葱切成2厘米大小的块状。

6. 红辣椒去籽后切成薄片。

7. 葱白切成小葱花。

요리과정

1. 멸치국물내기 : 손질한 멸치를 달군 냄비에 볶아 비린 맛을 제거하고 물을 붓고 끓인다. 끓고 나서 3분 정도 지나면 멸치를 건져 낸다. 2. 끓는 멸치국에 된장을 풀고 저민 소고기와 표고버섯, 호박, 양파를 넣고 한소끔 끓인다. 3. 양파가 익으면 두부와 고추, 파를 넣고 다진 마늘로 양념하여 잠깐 더 끓인 뒤 간을 소금으로 맞춘다.

制作方法

① 鳀鱼在做汤之前要去腥味。

② 豆腐放太早的话容易煮碎，煮老，影响口感。

1. 准备工序

2. 将鳀鱼放入锅内翻炒去腥味后，倒水沸煮后将鱼捞出留汤。

3. 放入大酱，再放入切成细条的牛肉，香菇、洋葱、西葫芦后继续煮。

4. 等到洋葱熟后，放入红辣椒，豆腐、大葱、蒜泥。再煮一会儿后可加盐调味。

1. 如果不喜欢鳀鱼做汤底, 可以选择蚬肉汤来代替。

2. 放入少许海带, 可以提升鲜味。

（豆腐与大酱汤是绝配～!）

配合烤五花肉等韩式烤肉一起享用, 更佳美味。

首尔烤肉

Seoul-style Bulgogi

 # 材料

• 牛臀肉	300克
• 金针菇	150克
• 洋葱	2个
• 大葱	1个
• 杏鲍菇	200克
• 粉丝	100克
• 水	两杯

牛肉调味料

• 蒜泥	2勺
• 香油	30克
• 酱油	2勺
• 芝麻粉	1勺
• 苹果	1个

准备工序

1. 把牛肉切成适当大小的片状，用厨房用纸挤压按出血水。

2. 把苹果打成泥。

3. 把金针菇撕成小块

4. 把葱斜切成段。

5. 杏鲍菇去除根部

6. 把洋葱切成块。

7. 粉丝泡开后滤水，去除水分。

요리과정 ________________________________

1. 찬물에 모든 재료를 넣고 간장을 넣어 끓인다. 2. 뚝배기에 당면, 채 썬 양파, 느타리버섯, 대파 그리고 팽이버섯을 차례대로 넣은 뒤 양념된 소고기를 올려준다. 3. 준비한 육수를 붓고 끓인 후 20분간 불을 줄여서 더 끓인다.

制作方法

1. 把上述准备好的'材料'放入锅里放满水, 加入酱油后煮一小时, 捞出材料保留汤。

2. 在石锅内放入准备好的粉丝和洋葱, 在上面放上蘑菇和准备好的葱。最后在最上面一层放上牛肉。

3. 最后倒入刚刚保留的汤, 煮20分钟即可食用。

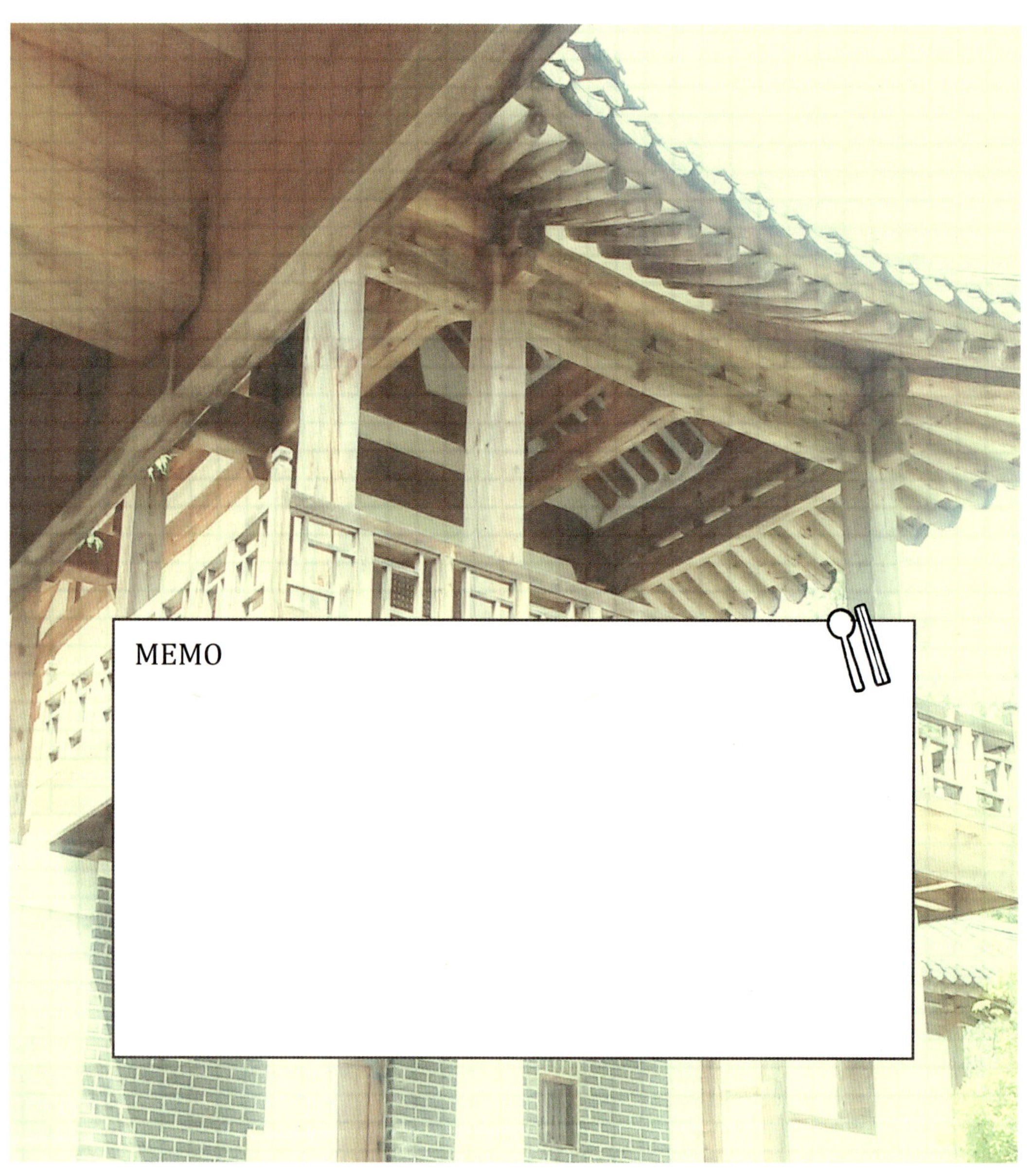

MEMO

大酱貊炙

Maekjeok

 **材料**

• 猪颈肉	300克

猪肉调料

• 蒜泥	1勺
• 大酱	2勺
• 酱油	1勺
• 米酒	1勺
• 蜂蜜	1勺
• 大葱	1根
• 香油	2勺
• 芝麻	1勺
• 植物油	30克
• 洋葱	1个

准备工序

1. 把葱切成细丝。

2. 洋葱去皮剁成沫。

3. 用猪肉调料腌制猪肉12个小时。

요리과정 ____

1. 기름을 두른 팬에 양념된 돼지고기를 올린다. 2. 고기를 앞뒤로 노릇하게 굽는다. 3. 접시에 담아 저민 마늘과 잘라둔 실파(1cm)를 얹어서 제공한다.

制作方法

1. 将猪颈肉拍打后薄薄的摊开，锅内刷上油。

2. 将两面都煎烤至金黄。

3. 用蒜片和葱丝摆好装盘。

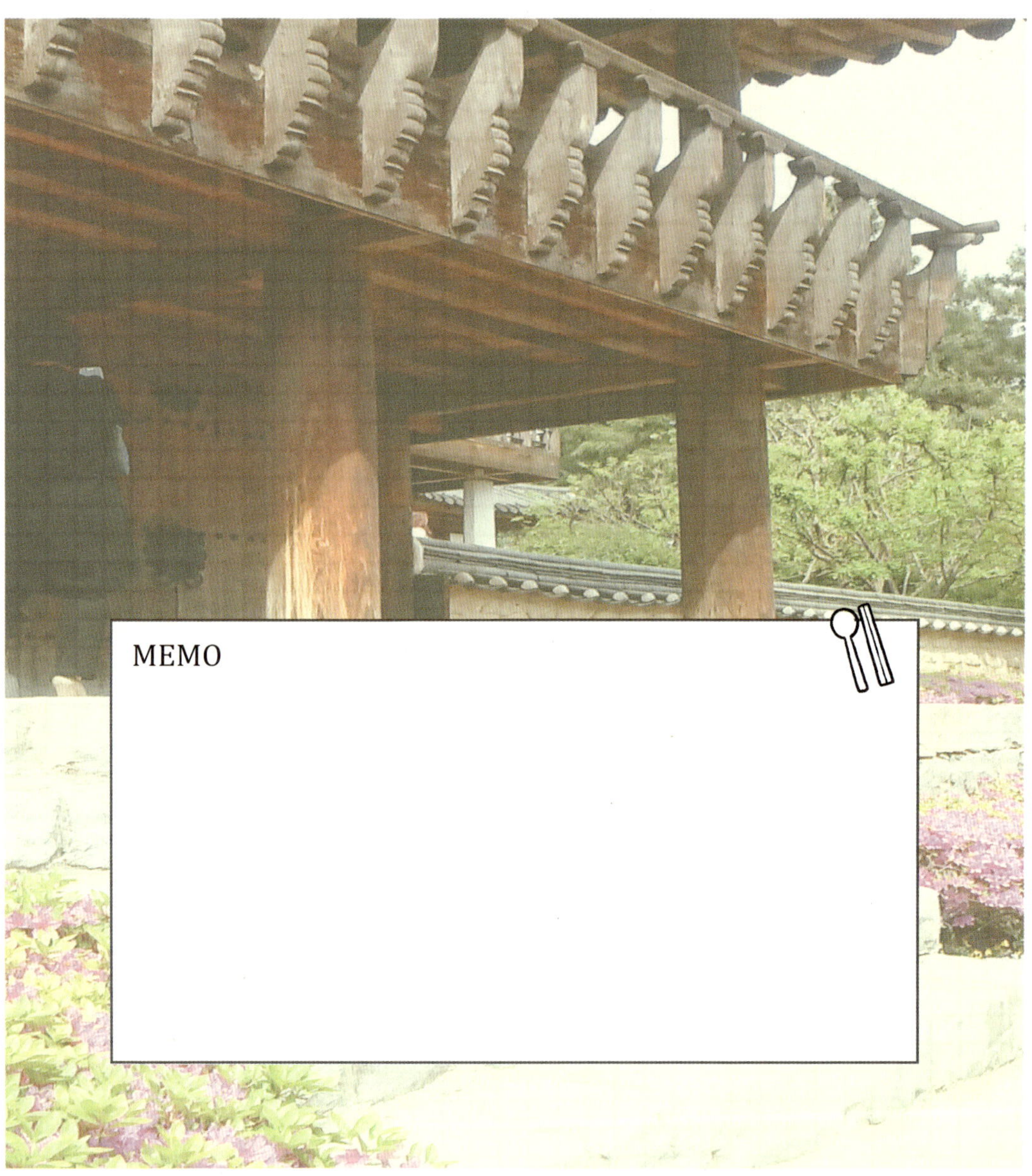

MEMO

明太鱼籽煎蛋

Myeonglan Gyelan Jjim

材料

• 鸡蛋	4个
• 明太鱼籽	50克
• 葱末	1勺
• 水	4杯半
• 海带	3克

准备工序

海带洗净后，滤除水份。

요리과정 ____

1. 육수 만들기 : 찬물에 다시마를 넣고 끓인 후 불을 줄여 30분간 끓인다. 2. 볼에 계란 4개를 풀고 잘 저은 후 체에 내린다. 3. 체에 내린 계란에 육수를 붓는다. 4. 계란 위에 명란젓과 다진 파를 얹는다. 5. 찜통에 명란젓과 다진 파를 얹은 계란을 쪄낸다.

制作方法

1. 锅内倒入凉水后, 放入海带微煮30分钟捞出。

2. 将鸡蛋搅拌好并过滤备好。

3. 蛋液内加入水。

4. 在蛋液中放入海带、葱末和明太鱼籽。

5. 倒入碗里蒸熟即可食用。

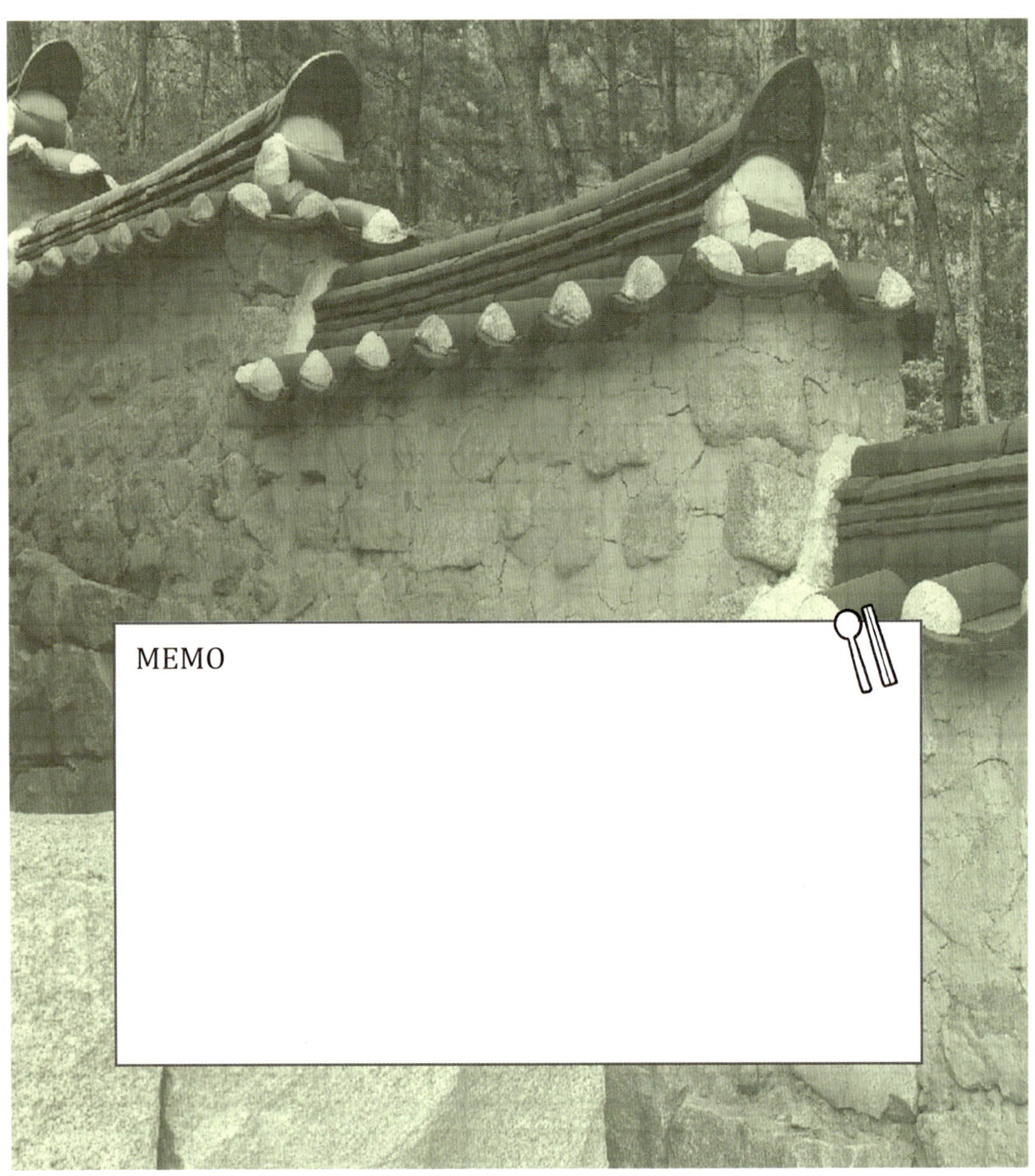

MEMO

韩式海带汤

Miyeok Guk

 材料

- 干海带　　　　　　　　20克
- 牛胸肉　　　　　　　　100克
- 蒜泥　　　　　　　　　2勺
- 酱油　　　　　　　　　1勺
- 香油　　　　　　　　　半勺
- 水　　　　　　　　　　6杯
- 盐 (根据个人口味)

1. 将海带洗净后倒入可以末过海带的水浸泡30分钟至海带展开。捞出海带并剪成适当大小，然后将水分挤出。

2. 牛肉放入冷水中浸泡30分钟去除血水，浸泡后切成小块。

요리과정 ____

1. 냄비를 달구어 참기름을 두른 후 소고기를 넣어서 익힌다. 2. 고기의 표면이 희게 익으면 준비한 미역을 넣고 볶는다. 3. 미역의 전체에 기름이 퍼지고 색이 선명해지면 물을 부어 센 불에서 팔팔 끓인다. 4. 소금과 간장으로 간을 한다.

制作方法

① 若您是素食主义者，可以不放牛肉，用香油来替代。

② 用虾米或者红蛤来代替牛肉，可以让汤味更加鲜美。

1. 准备一个适当大小的锅，待锅烧热后加入香油和牛肉进行翻炒。

2. 等肉变色后放入准备好的海带翻炒，直到海带的颜色变得鲜亮。

3. 加水并调至大火，待水烧开沸腾后调至中火煮30分钟。

4. 放入酱油和盐，调色和调味。

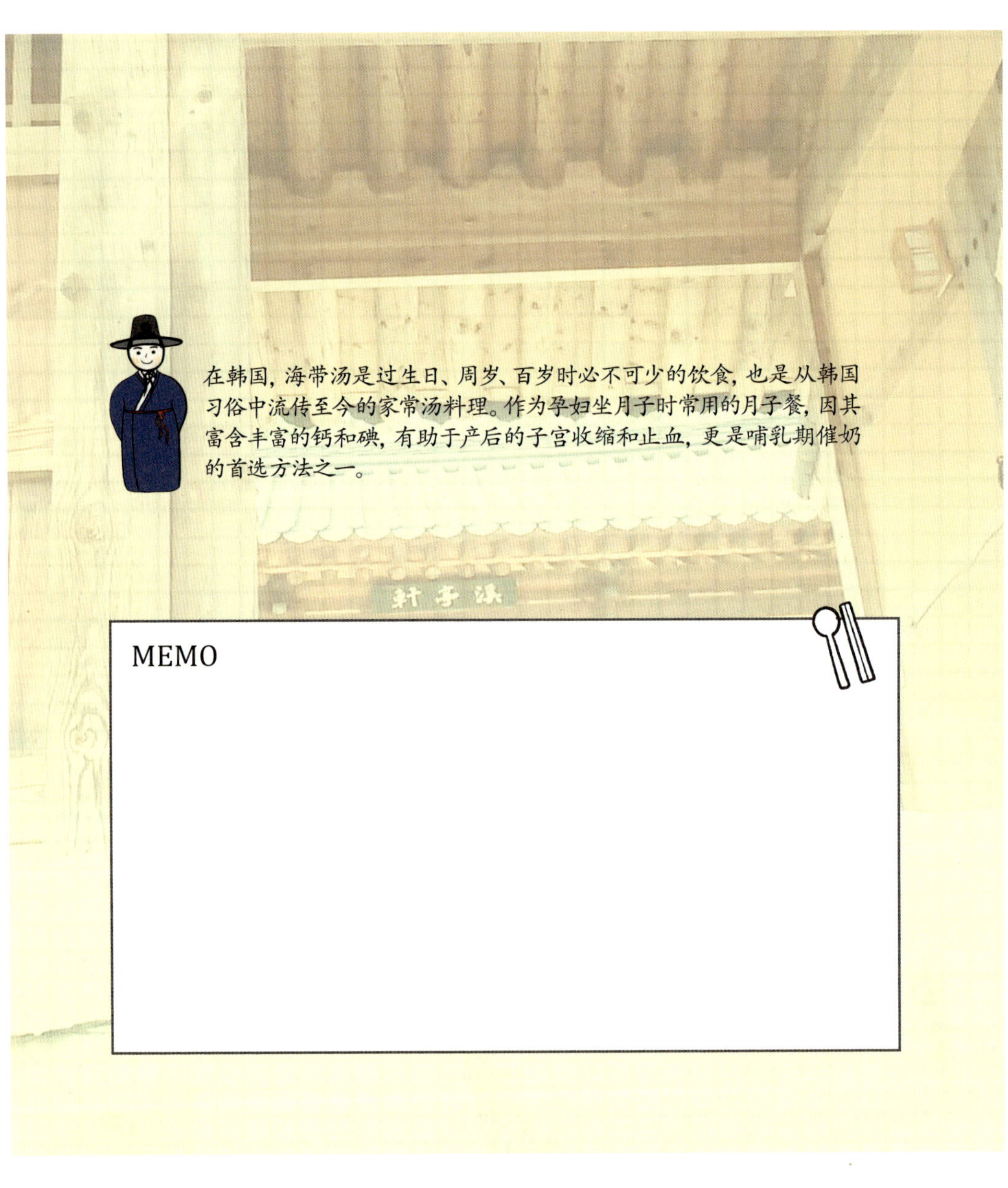

在韩国，海带汤是过生日、周岁、百岁时必不可少的饮食，也是从韩国习俗中流传至今的家常汤料理。作为孕妇坐月子时常用的月子餐，因其富含丰富的钙和碘，有助于产后的子宫收缩和止血，更是哺乳期催奶的首选方法之一。

MEMO

参鸡汤

Samgye Tang

 ## 材料

- 整鸡   1只
- 冷水泡过的糯米   50克
  （浸泡1小时即可）
- 人参   1支
- 去皮栗子   5个
- 干大枣   3个
- 蒜   5颗
- 盐
- 胡椒粉

准备工序

1. 浸泡糯米, 直到颜色发白。

2. 选一根适当大小的人参, 去皮去根后洗净备好。

3. 为了更加容易地去除栗子的内皮, 在去除外壳后浸泡在水里。

4. 将大枣洗净备好。

요리과정 ____

1. 조리할 수 있는 닭을 구입하지 않았다면 닭의 내장과 지방을 제거한다. 물에 불린 찹쌀을 닭의 몸통에 채우고 다리를 실로 묶거나 교차시켜서 내용물이 흘러 나오지 않게 한다. 2. 큰 냄비에 닭이 잠길 정도로 물을 붓고, 인삼, 대추, 마늘을 넣은 후 뚜껑을 덮어 센 불에서 끓인다. 한 번 끓으면 불을 낮춰서 닭이 푹 익을 때까지 한 시간 동안 끓인다. 3. 푹 익은 닭을 그릇에 담아서 작은 접시에 따로 담은 소금과 후추와 함께 낸다.

制作方法

1. 在处理好的鸡肚子里面放入糯米、栗子和大枣。然后把鸡腿交叉固定好，防止内部糯米流出。

2. 在锅里倒入末过鸡的水，放入人参、大枣、大蒜并调味后大火煮开。

3. 大火煮至水沸腾后，调至小火煮1小时至鸡肉完熟。

MEMO

蒸猪肉(白切猪肉)

Suyuk

材料

• 猪颈肉	200克
• 大酱	6勺
• 洋葱	半个
• 蒜	5个
• 干香叶	5片
• 小葱	1颗
• 青辣椒	1个
• 虾酱	50克
• 清酒	半杯

准备工序

1. 用凉水浸泡猪颈肉去除血水。

2. 反复上面的工序直至血水被完全去除。

요리과정 ________________

1. 돼지고기를 차가운 물에 담가서 핏물이 나오면 물을 버리고 새로운 물에 다시 담근다. 핏물이 나오지 않을 때까지 이 과정을 반복한다. 2. 큰 냄비에 된장을 넣고 잘 푼 뒤 파, 양파, 마늘, 청양고추, 청주 그리고 월계수잎을 첨가하고 센 불에서 한소끔 끓인다. 3. 돼지고기를 넣고 중불로 낮춘 후 20분 끓인 후 약불에서 다시 20분간 끓인다. 4. 냄비에서 고기를 꺼내 먹기 좋은 크기로 잘라 접시에 담고 채소와 새우젓을 곁들여낸다.

制作方法

1. 用凉水浸泡猪肉去除血水，反复直到血水被完全去除。

2. 在足够量的水中放入大酱、洋葱、大蒜、月桂皮（干香叶）、大葱、青辣椒和清酒，然后大火将水煮开。

3. 水煮开后放入猪肉，并调至中火20分钟，然后再调至小火煮20分钟。

4. 将肉取出切成薄片，装盘后与虾酱一起食用即可。

5 在装盘摆放时，摆上生菜等可以搭配享用的新鲜蔬菜味道更佳。

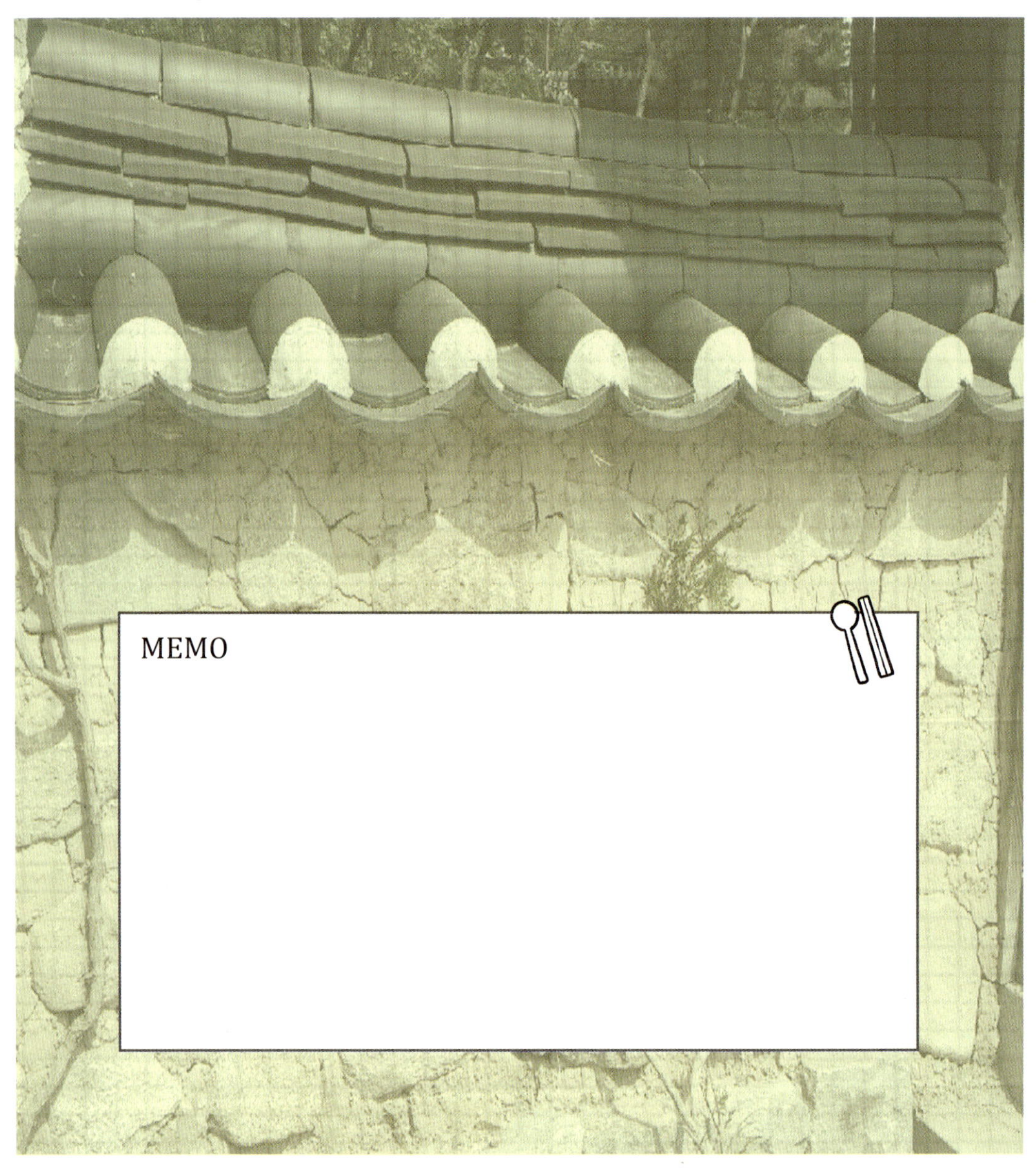

MEMO

韩式嫩豆腐汤

Sundubu Jjigae

 ## 材料

• 嫩豆腐	600克
• 猪肉	100克
• 辣白菜	100克
• 洋葱	1/3个
• 大葱	1/2个

调料汁

• 酱油	1勺半
• 小绿辣椒	1个
• 小红辣椒	1个
• 辣椒粉	2勺
• 葱末	4勺
• 蒜泥	1勺

蛤蜊汤

• 蛤蜊	6个
• 水	3杯
• 盐	根据个人口味调味即可

准备工序

1. 把猪肉切成1.5㎝左右的薄片。
2. 把辣白菜切成2㎝左右的段。
3. 把洋葱切成1.5㎝左右的块。
4. 葱切成沫备好。

요리과정 ____________________________________

1. 조개국물내기 : 모시조개는 전날 해감을 하여 깨끗이 씻어 둔다. 준비해둔 조개를 끓는 물에 넣어서 입이 벌어지면 바로 건지고 국물은 체에 받쳐 둔다. 2. 찌개를 끓일 때 냄비에 식물성 기름을 조금 두르고 뜨거워지면 준비한 돼지고기, 배추, 김치, 양파, 파를 넣어 볶는다. 3. 국물이 끓어오르면 순두부를 한 숟갈씩 떠 넣고 양념장을 넣어 한소끔 끓인다. 4. 조개를 넣고 달걀노른자가 터지지 않게 부드럽게 익도록 잠깐만 익혀서 낸다.

制作方法

1. 把蛤蜊用3杯量的水和盐浸泡一晚并除去淤泥洗净。

2. 煮泡好的蛤蜊, 待蛤蜊张嘴后捞出放到碗里备好并留下汤作汤底。

3. 在锅内放入植物油, 待锅烧热后放入备好的猪肉、泡菜、洋葱和大葱一起翻炒。

4. 在锅内放入适当水后, 放入刚刚准备好的蛤蜊汤底, 加入嫩豆腐后放入调味汁用盐调味后继续煮。

5. 加入蛤蜊和鸡蛋, 煮一分钟。

1. 放入嫩豆腐后不要煮太长时间，会使豆腐变老影响口感。

2. 在出锅之前最后放入鸡蛋，直接上桌。

MEMO

菠菜大酱汤

Sigeumchi Doenjang Guk

 ## 材料

• 菠菜	200克
• 大酱	4勺
• 蒜泥	1勺
• 洋葱	20克
• 辣椒粉	半勺
• 酱油	1勺

鳀鱼高汤材料

• 干鳀鱼	30克
• 海带	3克
• 水	7杯半

准备工序

1. 将菠菜彻底洗净后切除根部。

2. 将菠菜放入开水中煮至半熟，捞起后用冷水冲洗后滤干。

요리과정 ________________________

1. 물에 마른 멸치, 다시마를 냄비에 넣고 끓인 후 체로 걸러낸다. 2. 시금치를 씻고 뿌리를 잘라낸 뒤 데쳐 낸다. 3. 멸치육수에 된장을 푼 후, 다진 마늘을 넣고 한소끔 끓인 뒤 시금치를 넣고 불을 줄인다. 4. 대파와 고춧가루를 넣고 한 번 더 끓인 후 간장으로 간을 한다.

制作方法

1. 把鳀鱼和海带放入锅中倒水后煮开, 变色后把鳀鱼和海带捞出留汤。

2. 把菠菜洗净后切成段, 用热水焯后冷却。

3. 汤内放入大酱和蒜泥沸煮, 放入菠菜后继续沸煮。

4. 放入切好的洋葱和辣椒粉, 并根据个人口味放入酱油调味。

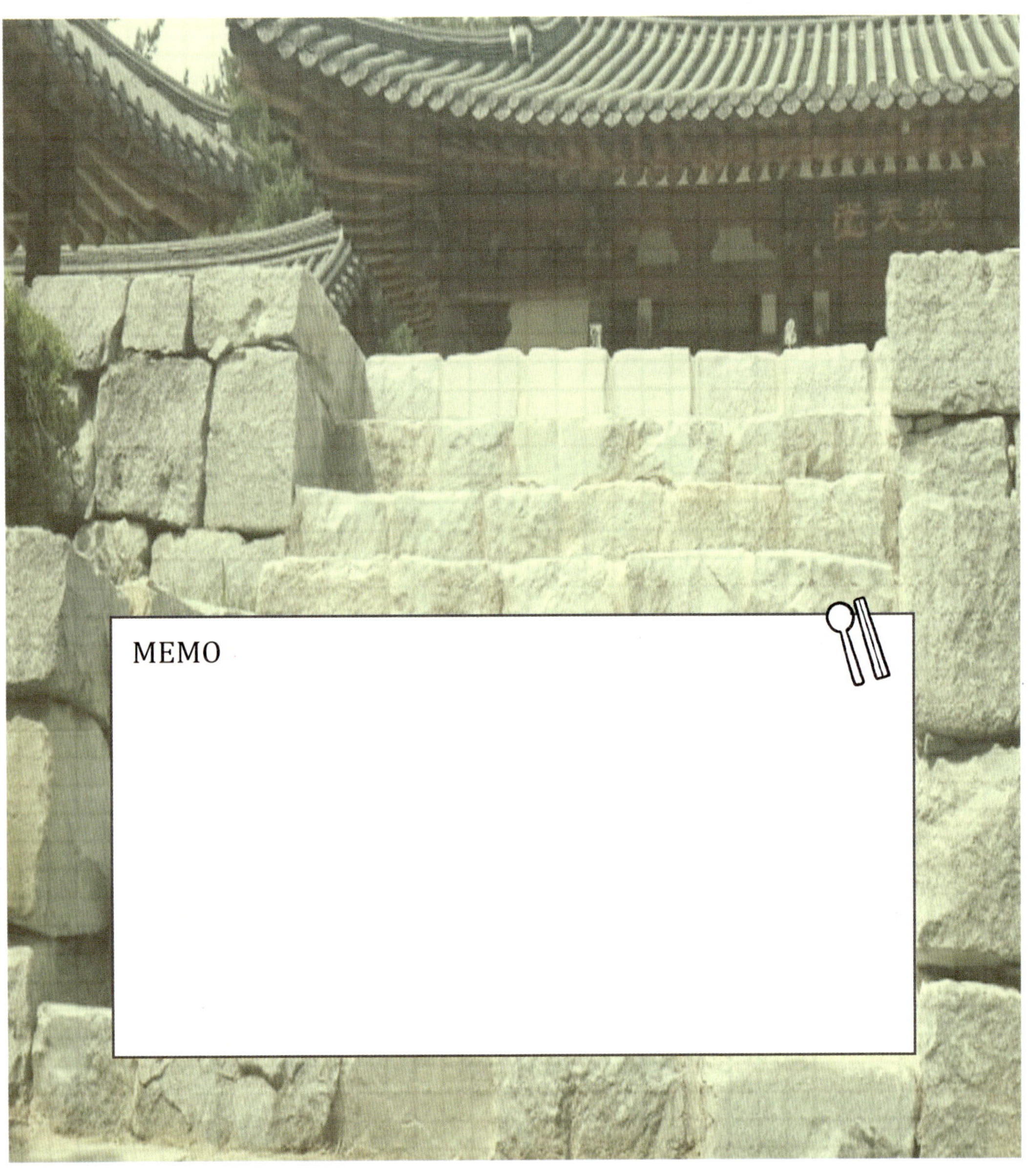

MEMO

韩式菜包饭

Ssambap

 ## 材料

• 米饭	一碗
• 生菜	40克
• 苏子叶	10克
• 芥末或红芥末	15克
• 小白菜	30克
• 芭菜和红芭菜	15克
• 小白菜	30克
• 神仙草	20克
• 甜菜	20克
• 辣椒粉	30克
• 蜂斗菜	80克
• 海带	60克

调味辣酱

• 牛肉泥	100克
• 大蒜	5克
• 洋葱沫	10克
• 辣椒酱	150克
• 蜂蜜	40克

准备工序

把海带用水浸泡10分钟, 用开水焯后切成可以包饭的适当大小。

요리과정 ___________________________________

1. 모든 채소는 깨끗이 씻어서 물기를 뺀다. 2. 달궈진 팬에 소고기를 넣어서 볶는다. 이때 나오는 기름은 제거한다. 다진 마늘과 양파를 넣고 같이 볶는다. 그리고 고추장과 꿀을 넣은 뒤 낮은 불에서 다시 볶는다. 3. 밥을 그릇에 담고 모든 채소는 접시에 담아서 양념장을 곁들여 낸다. 기호에 따라 구운 생선이나 고기를 곁들여 내어 즐길 수 있다.

制作方法

1. 把上述蔬菜洗净备好。

2. 将牛肉泥炒好后，根据肉的肥瘦适当取出油脂。把辣椒酱和其他材料拌在一起。最后放入辣椒粉和蜂蜜。

3. 同时备好上面的材料并准备好饭和酱料。同时根据个人喜好可以准备好烤肉或者煎鱼。

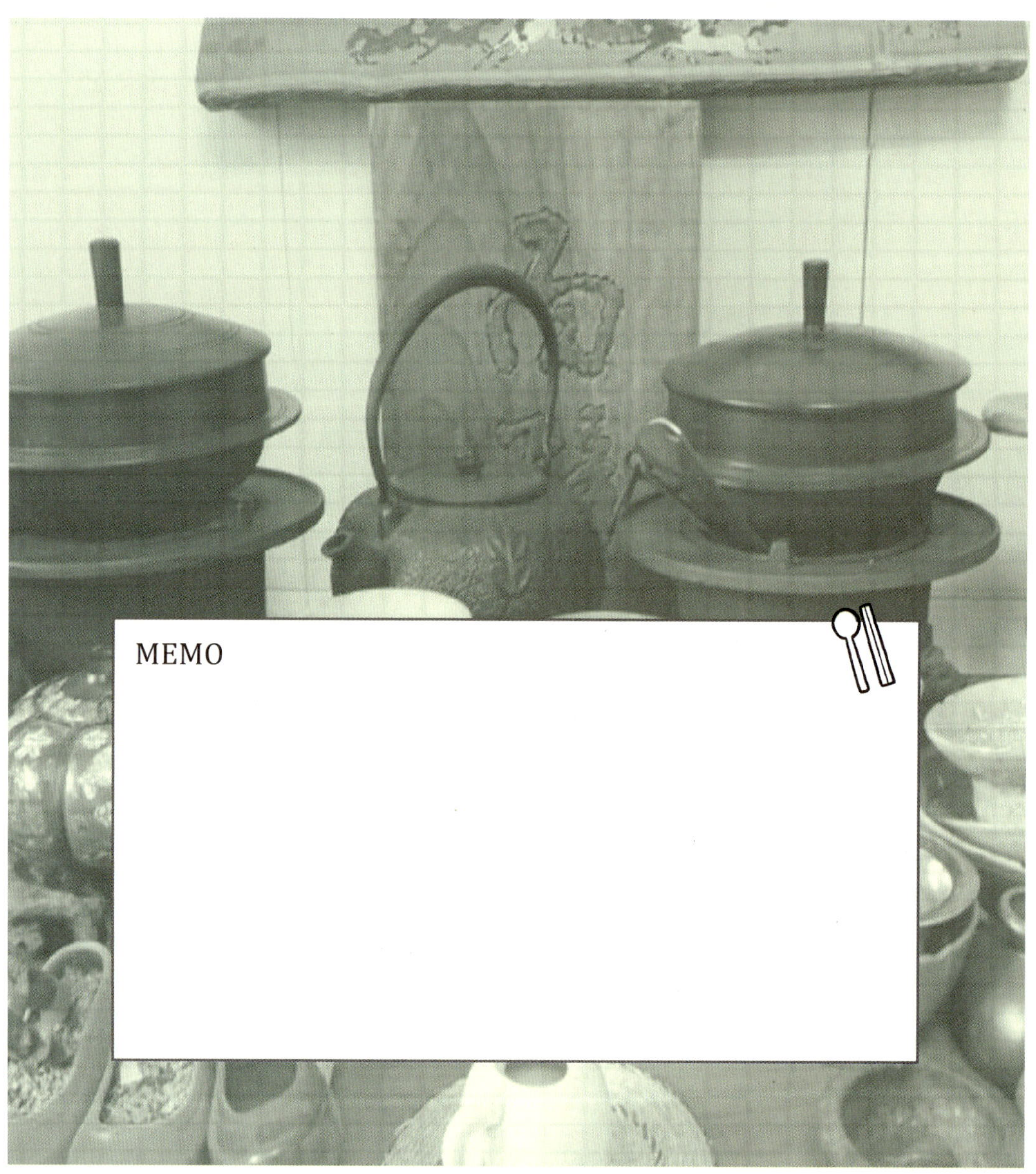

MEMO

韩式牛肉辣汤

Yukgaejang

材料

		牛肉调料	
• 牛胸肉	200克		
• 牛肚	100克	• 辣椒粉	2勺
• 牛肥肠 (牛百叶)	100克	• 酱油	1勺
• 大葱	4克	• 辣椒酱	2勺
• 蒜	1/2颗	• 香油	1勺
• 姜	30克	• 蒜泥	2勺
• 植物油	30克	• 盐、黑胡椒、芝麻粉	少许
• 面粉			
• 盐			

准备工序

1. 把牛胸脯肉整个放入锅中，泡水去除血水。

2. 在牛肥肠上撒上面粉和盐揉开入味，然后再用水清洗几遍。

3. 大葱剁成约5厘米大小的段，用热水焯一下后撕成葱丝。

4. 把大蒜与姜剁成泥。

요리과정 ____

1. 냄비에 소고기를 넣어 파, 마늘, 생강 그리고 물 8컵 정도를 부어 팔팔 끓인다. 2. 손질한 양과 곱창을 넣어 삶는다. 3. 고기가 푹 익으면 건져내어 업진살은 먹기 좋게 찢고 양과 곱창은 한입 크기로 썰어 양념장을 넣는다. 4. 고춧가루, 고추장, 국 간장, 다진 마늘, 참기름, 깨소금, 소금, 후추를 넣어 만든 양념장을 고루 버무린다. 5. 냄비에 기름을 두르고 양념한 3의 고기를 볶는다. 6. 끓여두었던 육수를 부어 한소끔 끓인다. 7. 파를 데쳐내어 간을 맞춘 후 계란 지단을 부쳐 마름모꼴로 썰어 띄운다.

制作方法

1. 将牛胸肉放入大锅内，放入葱姜蒜后倒八杯水后煮大约20分钟。

2. 煮好后放入处理后的牛肥肠一起煮大约30分钟。

3. 去除煮好的肉和肠，放入碗中撕成适当的大小，并用肉汤过滤。

4. 倒入牛肉调料搅拌均匀。

5. 在锅内放入油待烧热后将肉放入翻炒。

6. 在锅内加入肉汤沸煮。

7. 在锅内放入葱并加盐焯一下, 切段后放在上面即可食用。(也可以添加鸡蛋饼, 切成菱形更佳好看。)

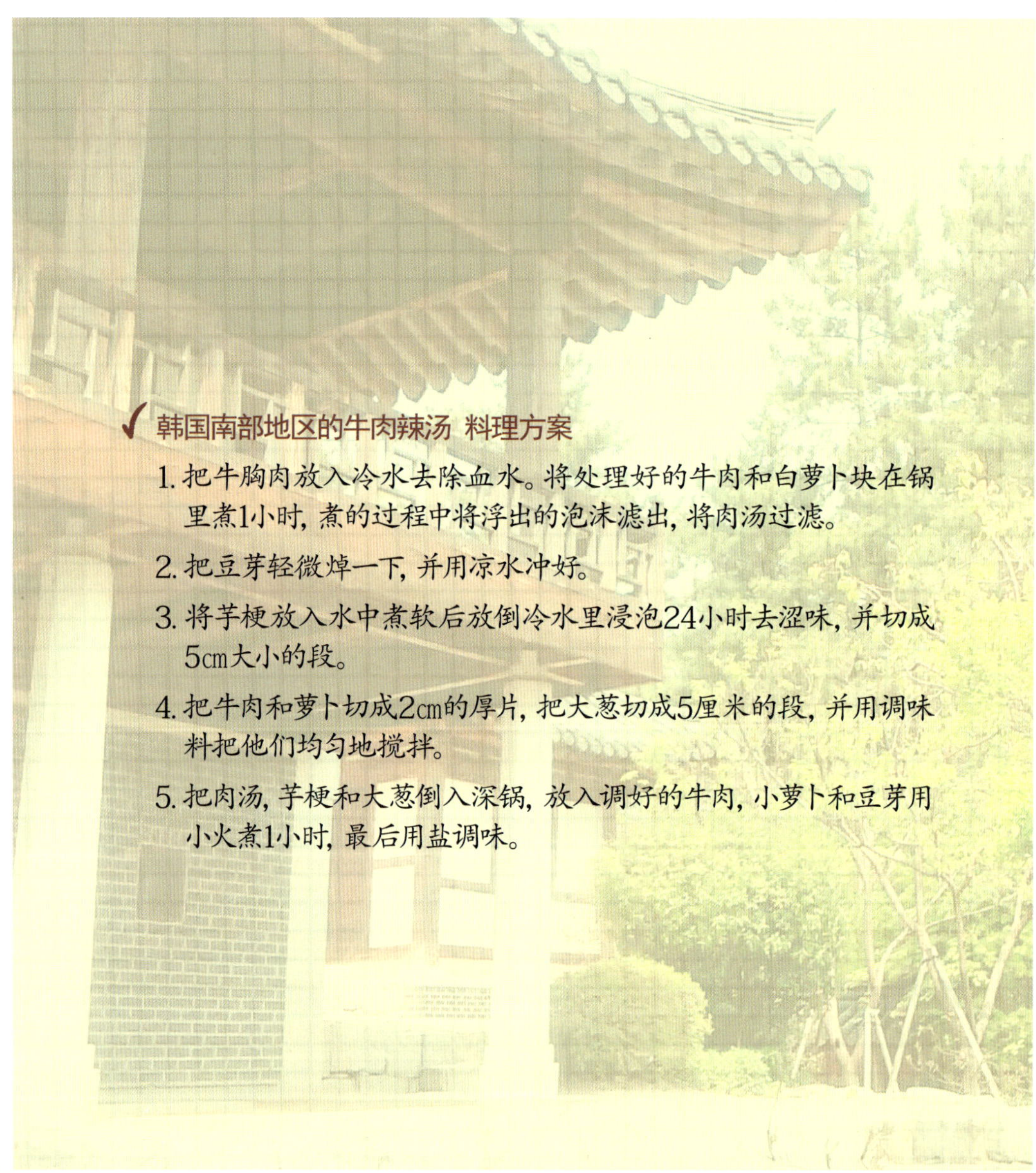

✓ 韩国南部地区的牛肉辣汤 料理方案

1. 把牛胸肉放入冷水去除血水。将处理好的牛肉和白萝卜块在锅
   里煮1小时，煮的过程中将浮出的泡沫滤出，将肉汤过滤。

2. 把豆芽轻微焯一下，并用凉水冲好。

3. 将芋梗放入水中煮软后放倒冷水里浸泡24小时去涩味，并切成
   5㎝大小的段。

4. 把牛肉和萝卜切成2㎝的厚片，把大葱切成5厘米的段，并用调味
   料把他们均匀地搅拌。

5. 把肉汤，芋梗和大葱倒入深锅，放入调好的牛肉，小萝卜和豆芽用
   小火煮1小时，最后用盐调味。

✔ **料理方案**

1. 鸡肉可以代替牛肉，做成另一种香辣鸡丝汤。

2. 放入各种蔬菜可以是汤味更加鲜爽。将蕨菜、绿豆芽、黄豆芽、芋梗、白菜帮焯一下后和葱放入汤中更可以增添汤的口感。

俗话说"以热制热"，韩国人喜欢天气热的时候吃热的食物，使身体出汗。因为在夏天喝热汤出汗时反而会觉得更加凉快。

MEMO

全州拌饭

Jeonju Bibimbap

 **材料**

• 牛臀尖肉	150克
• 牛胸肉	150克
• 豆芽	200克
• 西葫芦	100克
• 桔梗	100克
• 蕨菜	100克
• 东风菜	150克
• 香菇	4个
• 萝卜	300克
• 米	2小杯
• 水	
• 辣椒酱	

牛肉调料

• 酱油	1勺
• 砂糖	1/3勺
• 蒜泥	1勺
• 香油	1勺
• 黑胡椒粉	

香菇调料

• 酱油	1勺
• 葱沫	1勺
• 糖	1勺
• 蒜泥	1勺
• 苏籽粉	1勺
• 香油	1勺
• 黑胡椒粉	

萝卜调料

• 辣椒粉	1勺
• 葱沫	1勺
• 醋	1勺
• 蒜泥	4克
• 苏籽粉	4克
• 糖	4克

豆芽、西葫芦、桔梗、蕨菜、东风菜拌料

• 葱末	2勺
• 蒜泥	1勺
• 香油	1勺

准备工序

1. 将香菇用冷水泡好, 切成块。

2. 桔梗切成细丝用热水焯好并加盐调味。

3. 把豆芽洗净后放在锅中, 加水和盐后盖上锅盖煮熟。

4. 把西葫芦和萝卜切成5厘米的丝后用盐腌过后洗净去水分。

5. 东风菜洗净后用热水焯好后去除水分并加盐搅拌。

6. 把蕨菜的硬茎摘掉洗净。

요리과정 _______________

1. 가열한 팬에 표고버섯, 애호박, 도라지를 각각 볶은 후 식힌다. 2. 콩나물, 취나물 그리고 무를 끓는 물에 데쳐 물기를 제거하고 양념한다. 3. 소고기에 준비한 양념을 넣어 버무린다. 4. 밥 위에 나물을 올리고 계란 후라이를 얹은 뒤 적당량의 고추장을 넣어서 비벼 먹는다.

制作方法

1. 锅内放油后, 将切好的香菇、桔梗、西葫芦翻炒后放凉。

2. 把豆芽、东风菜、萝卜丝用调料拌好。

3. 把生牛肉用准备好的牛肉调料搅拌均匀。

4. 把这些材料放在米饭上, 最后在最上层放上荷包蛋。按照口味放适量辣椒酱拌好即可食用。

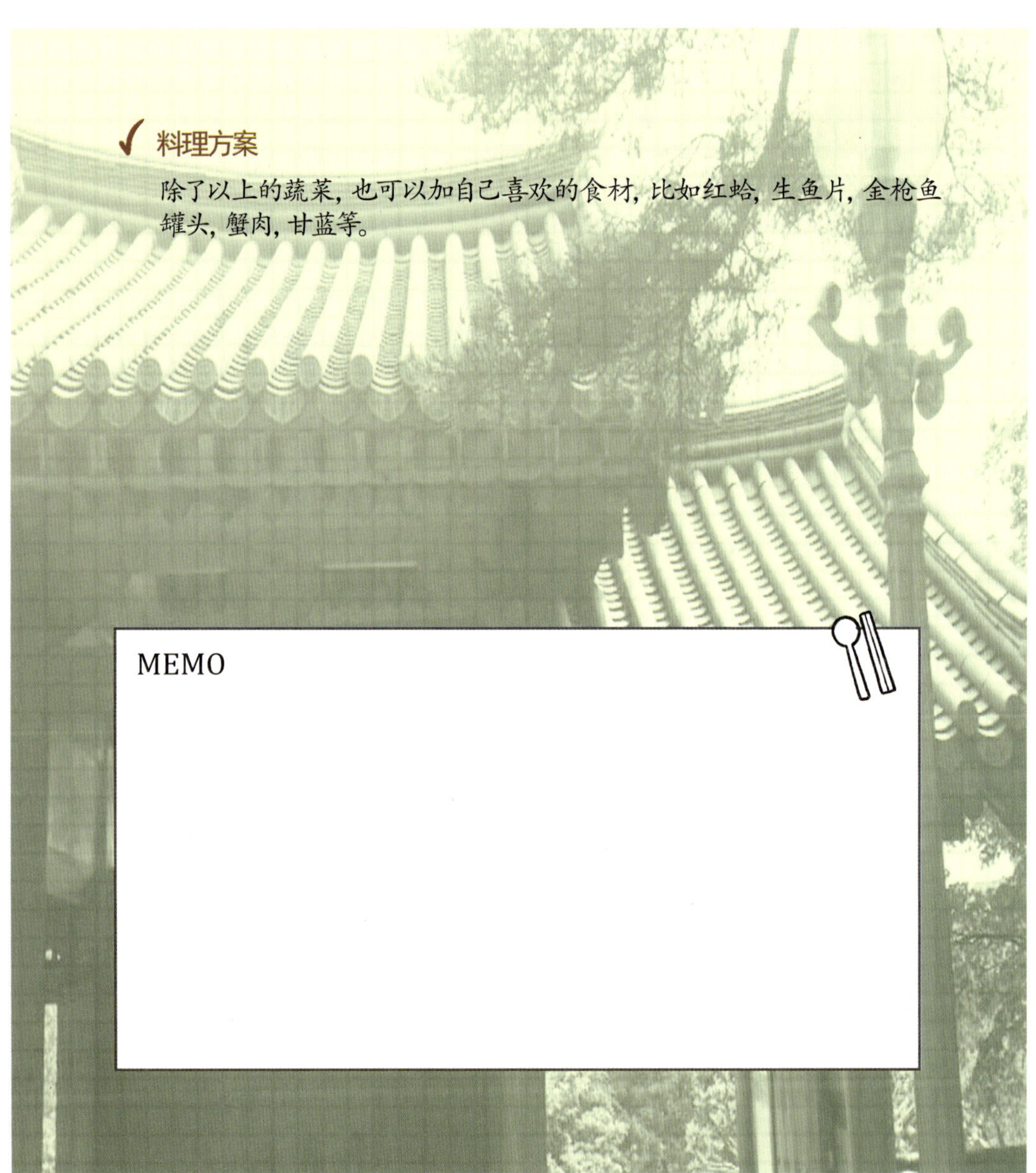

✓ 料理方案

除了以上的蔬菜，也可以加自己喜欢的食材，比如红蛤，生鱼片，金枪鱼罐头，蟹肉，甘蓝等。

海鲜葱饼

Haemul Pajeon

 ## 材料

- 约20cm长的小葱   6颗
- 鱿鱼   80克
- 虾仁   50克
  （最好鸡尾虾或是处理后的鲜虾）
- 青椒   5克
- 红辣椒   5克
- 食用油   60克

面糊调料：

- 鸡蛋   1个
- 糯米粉   40克
- 面粉   60克
- 水   200克

准备工序

1. 把葱和红辣椒洗净切好。

2. 鱿鱼和虾皮去皮处理好，切成1cm大小。

3. 做面糊，把200克水放入大容器中，加入鸡蛋，糯米粉40克和面粉搅拌均匀。

요리과정 ____

1. 파를 씻어서 물기를 빼고 오징어는 내장을 제거하고 껍질을 벗긴 후 1cm 두께로 자른다. 2. 물과 찹쌀가루, 부침가루, 계란을 섞어서 반죽을 만든다. 3. 달군 팬에 기름을 두르고 파를 가지런히 놓는다. 파 위에 얇게 반죽을 펴 두른다. 4. 그 위에 오징어, 새우, 고추를 놓는다. 팬의 뚜껑을 덮고 약한 불에 잘 익힌다. 다 익을 무렵 뚜껑을 열고 익혀서 바삭한 맛이 나도록 한다.

制作方法

1. 把葱和红辣椒洗净切好，鱿鱼和虾去皮处理好，切成1㎝大小。

2. 在烧热的锅里放入食用油。

3. 放入小葱后倒入面糊，在葱上撒些油，将饼压薄摊平。

4. 依次放入鱿鱼和虾，辣椒。该上锅盖用小火加热使使面糊熟透沫，最后调至大火直至完熟。

✓ **料理方案**

根据个人喜好可以调节饼的大小、模样、材料放置顺序。

任意形状都可以，把所有的材料与面糊搅拌煎好即可。

传统米饭

How to Cook Rice

 **材料**

- 生米　　　　　　　1杯
- 冷水　　　　　　　1杯

  水与生米的比例大约为1:1，可以加水淘洗和浸泡。

准备工序

1. 在冷水中用手淘洗生米，倒掉变成白色的淘米水。然后再反复1至2次淘米工序。

2. 将洗好的生米浸入干净的冷水中约30分钟。

요리과정 ________________________________

1. 쌀을 찬물로 두 번 또는 세 번 정도 씻는다. 2. 씻은 쌀을 30분 동안 찬물에 담가 둔다. 3. 1:1 비율로 불린 쌀에 찬물을 붓는다. 4. 냄비에 쌀을 넣어서 물을 붓는다. 물이 끓기 시작하면 한 번 젓고 불을 줄인다. 5. 쌀을 저은 후에 뚜껑을 덮고 10분 동안 약한 불로 끓인다. 6. 불은 끄고 뚜껑을 덮은 후 5분 동안 뜸을 들인다.

制作方法

1. 将比例为1:1的清水浸没生米。

2. 在锅中将米和水煮至沸腾后搅拌米饭同时调至小火。

3. 在搅拌米饭之后盖上锅盖继续煮10分钟。

4. 将锅从炉上撤下后放置5分钟后, 您即可享用美味的米饭。

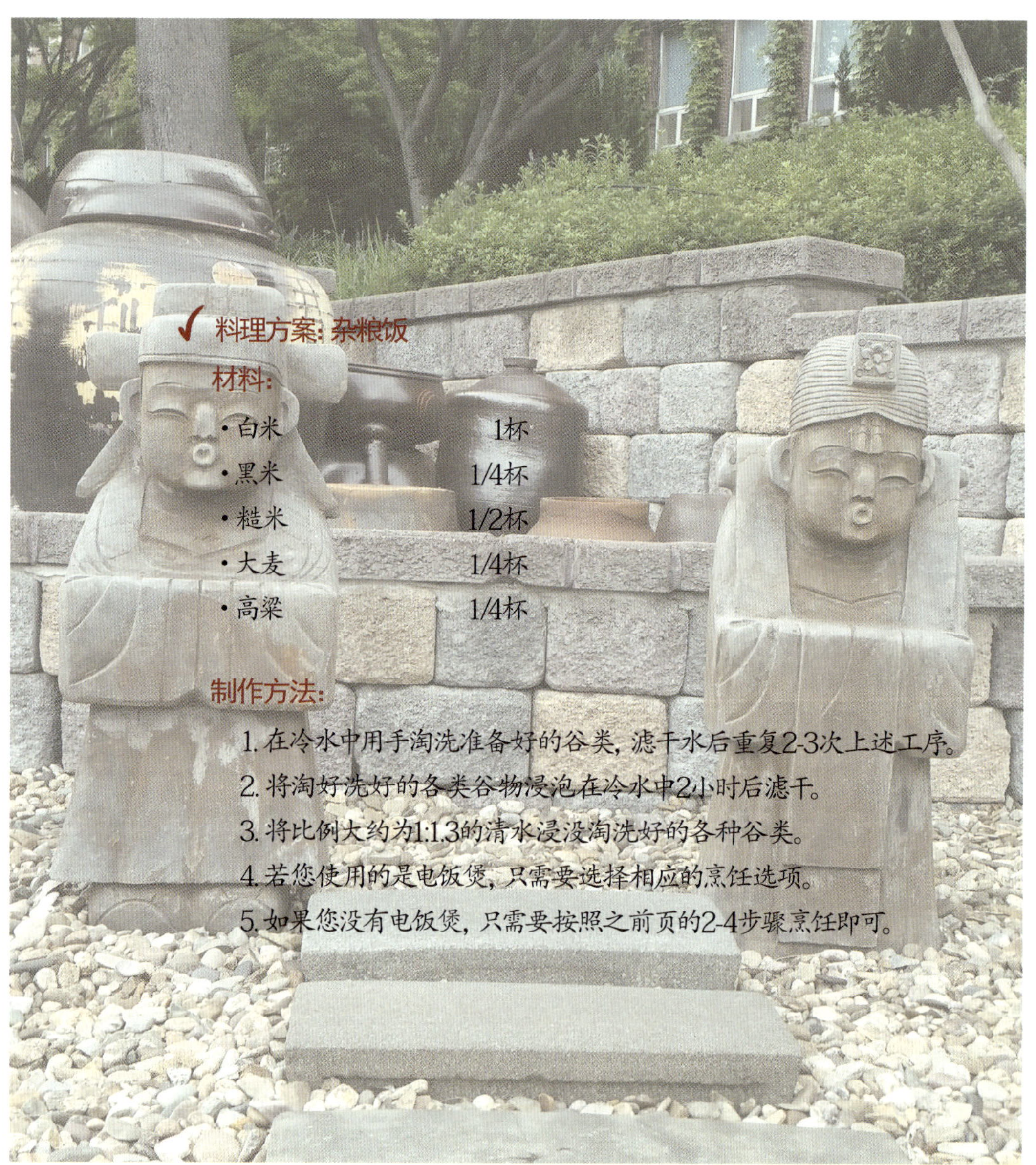

✓ 料理方案: 杂粮饭

材料:

· 白米　　　1杯
· 黑米　　　1/4杯
· 糙米　　　1/2杯
· 大麦　　　1/4杯
· 高粱　　　1/4杯

制作方法:

1. 在冷水中用手淘洗准备好的谷类, 滤干水后重复2-3次上述工序。

2. 将淘好洗好的各类谷物浸泡在冷水中2小时后滤干。

3. 将比例大约为1:1.3的清水浸没淘洗好的各种谷类。

4. 若您使用的是电饭煲, 只需要选择相应的烹饪选项。

5. 如果您没有电饭煲, 只需要按照之前页的2-4步骤烹饪即可。

Cooking Tip
用电饭煲来烹制米饭

MEMO

饭后甜点及饮料

韩式糕点与传统饮料

韩式年糕是韩国传统的糕点食品，是将米或谷物放在砚体中碾磨、重击制成。大米通常是主要的材料，同时也可以用土豆，地瓜之类的其他谷物。此外，通过添加多种调味料的方式也使得年糕具有独特的味道风味，也会被做成各种形状。韩国人在特别的日子都会吃年糕，比如新年、祭祀及各种节日庆典。有时人们以年糕来作为零食和简餐。尝试多种口味的年糕会使您找到属于您的那款年糕。

韩式传统饮料主要以茶为主，茶类主要由植物、水果或植物叶子制成。韩国的茶具有特别的香味，对于喝茶的人们来说茶香是品茶时考虑的重要因素之一。此外茶的香气具有清醒头脑，甚至帮助医治疾病等功效。根据个人口味和身体状况乃至情绪，可以选择不同的韩式传统茶饮料。

红豆糕

用蒸笼蒸制出的红豆年糕

小豆年糕

年糕由大米制成，里面充满着小豆果酱。

绿豆糕

用蒸笼蒸制出的绿豆年糕

糯米糕
糯米年糕是配合豆粉一起享用的特色年糕

白雪糕
因颜色雪白无暇而得名

五彩团糕
用五种颜色的米制作成的年糕

松饼
将糯米发酵后制成的年糕

勾儿茶糕
年糕里装满豆子后用勾儿茶叶卷制而成

片糕
有嚼劲的打糕点心

药果
药果食用面粉、香油、米酒、蜂蜜和姜
汁做出来的糕点。

油蜜果

油蜜果是把糯米糕进行油炸后沾上芝
麻与调味汁而制成的糕点。

药饭糕

用大枣、蜂蜜与板栗一起煮成饭来制
作成的特色糕点。

年糕条

这样的长条年糕是韩国人在新年祭祀
时不可缺少的食品。

甜米酒

Sikhye

材料

• 麦芽粉	400克
• 米	750克
• 松子	1勺
• 糖	1杯
• 水	4升

制作方法

1. 淘米后将米浸泡在水中大约1小时, 再用电饭煲烹制成米饭。

2. 把麦芽粉放在碗里后, 加2-3次水, 每次加水时必须要搅拌均匀成糊。

3. 沉淀搅拌均匀的面糊约3小时, 使沉积物下降到锅底。

4. 将面糊与糖加入大米内搅拌均匀。

5. 利用混合发酵的电饭煲功能加热4小时, 发酵完成时, 米饭会浮在顶部。

6. 放置在一个锅里, 煮酿成酒。注意沸腾时要撇去泡沫, 五分钟后关火, 待冷却即可享用。

水正果
(生姜桂皮茶, 姜水柿饼汁)

Sujeonggwa

 材料

• 干柿饼	1个
• 去皮生姜	50克
• 肉桂碎片	40克
• 红糖	1杯半
• 水	12杯
• 松子	1勺

制作方法

1. 干柿饼洗净并去籽后, 用冷水泡置1小时。

2. 生姜洗净去皮后切成小碎片。

3. 把肉桂碎片和生姜碎片放入锅内, 加水后盖上锅盖煮至沸腾。等到香味溢出后过滤保留汤水, 在汤水里加入红糖后继续沸煮。

4. 沸煮时加入柿饼后关火, 放置24小时入味, 之后保存在玻璃瓶内并放入松子即可享用。

桔梗茶
用干桔梗的根沏成的茶。

梅子茶
用青梅沏成的茶。

柚子茶
用柚子泡成的水果茶。

大枣茶
用大枣沏成的茶。

五味子茶
用五味子的果实沏成的茶。

薏米茶
用薏米来沏成的茶。

玉竹茶
用玉竹根沏成的茶。

生姜茶
用生姜沏成的茶。

牛蒡茶
用干牛蒡沏成的茶。

双花茶
用黑草药沏成的茶。

艾蒿茶
用艾蒿沏成的茶。

米酒
用大米原汁酿制成的传统酒。

覆盆子茶
用覆盆子酿制的韩式红酒。

烧酒
韩国最有人气的蒸馏酒，在韩国烧酒就
是全民酒。

烹饪食材&食材名称

苏子叶

小葱

红绿小辣椒

嫩豆腐

鳀鱼干

金针菇

平菇

香菇

土豆

胡萝卜

洋葱

萝卜

大葱

蕨菜

鲜桔梗

干桔梗

人参
大枣
海带干
粉丝
海苔
湿海带
桂皮

辣椒粉　　　　　酱油　　　　　苏籽粉

蒜泥　　　　　韩式大酱　　　　　韩式辣椒酱

牛

牛肉分类

1. **牛颈**
   最适合做牛排或者烤肉和韩式酱牛肉。

2. **前腿**
   前腿肉适合做咖喱, 韩式生拌牛肉, 烤牛肉和酱牛肉。

3. **里脊**
   品质好的里脊适合烤肉或者做牛排。品质普通的里脊可以用来做炖菜或者是家常烤肉料理。

4. **西冷**
   高品质的西冷可以涮肉吃火锅, 一般品质的西冷用在做汤或家常烤肉最为合适。

5. **肋排**
   肋排可以做排骨汤, 红烧排骨, 烤排骨或腌制后食用。

6. **胸肉和腰肉**
   胸部和腰部的肉最好用于煲汤、韩式酱牛肉或烤牛肉。

7. **后腿**
   这部分牛肉最好用于腌制烤牛肉、串烤牛肉、牛肉干或是家常烤肉料理。

8. **后臀肉**
   后臀肉通常被选择用于腌制烤牛肉, 切片水煮牛肉等。

猪

猪肉分类

1. **前肩肉**
   前肩肉是最适合用来做烤肉的部位。

2. **排骨肉**
   猪肉排骨用于野外烧烤、家常烤排骨或焖排骨。

3. **前腿肉**
   前腿肉最适合做家常烤肉, 猪肉汤和蒸猪肉。

4. **猪腰肉**
   腰肉通常是用来做猪排饭和猪肉饼的好选择。

5. **里脊肉**
   里脊肉做适合做糖醋肉, 烤肉和猪排。

6. **腩肉**
   腩肉适合做烤肉和加工腊肉。

7. **后腿肉**
   后腿肉很适合炸着吃和做家常烤肉及酱肉。

鸡

鸡肉分类

1. **鸡胸肉和鸡翅**

   这部分的肉最适合做炸鸡的原料, 或者煮熟
   后沾酱油吃也是不错的选择。

2. **鸡腿肉**

   这部分的肉最适合做炸鸡的原料, 或者煮熟
   后沾酱油吃也是不错的选择。

3. **里脊肉**

   里脊肉适合生拌, 炸肉排或替代牛肉辣汤中
   的牛肉。

切四方块

切丝

切成小斜块

切成圆薄片

切成沫

去皮，切成薄片，取瓤

切成约0.5cm的片

切成圆薄片

切成四方段

切成半圆片

切成约1cm厚的扇形片

食材名称

中 文	韩 文
鳀鱼	멸치
神仙草	신선초
桔梗	도라지
豆芽	콩나물
牛肉	소고기
黑胡椒	후춧가루
小白菜	청경채
牛腩	양지머리/업진살
蜂斗菜	머위
辣白菜	배추김치
胡萝卜	당근
粉丝	당면
板栗	밤
鸡	닭
菊苣根	치커리
辣椒	청량고추
肉桂	계피
蛤蜊	조개
食用油	식용유
黄瓜	오이
干枣	말린 대추
柿子	곶감
海苔	김
海带	미역
鸡蛋	계란/달걀
金针菇	팽이버섯
面粉	밀가루
大蒜	마늘
姜	생강
葡萄籽油	포도씨유
绿辣椒	청고추
蜂蜜	꿀
海菜	다시마
生菜	상추
鲅鱼	고등어

麦芽油	엿기름
橄榄油	올리브유
洋葱	양파
平菇	느타리버섯
白苏叶	들깨 잎
白苏油	들기름
苏子粉	들깨가루
虾酱	새우젓
松子	잣
明太鱼籽	명란젓
猪肉	돼지고기
土豆	감자
红菊苣	적색 치커리
萝卜	무
红牛皮菜	적 근대
辣椒粉	고춧가루
红辣椒	홍고추
米、饭	쌀/밥
清酒	청주
牛臀肉	우둔살
盐	소금
大葱	파
东风菜	취나물
香油	참기름
芝麻	깨소금
香菇	표고버섯
蛤	바지락
虾	새우
嫩豆腐	연두부
酱油	간장
大酱	된장
菠菜	시금치
鱿鱼	오징어
糖	설탕
甜萝卜	단무지
豆腐	두부
百叶 (牛、猪的胃脏内部)	양(소.돼지의 위의 안쪽 부분)
植物油	식물성 기름
醋	식초
水	물

韩京任

　　启明大学校 教养教育学院 教授

　　大邱天主教大学校 英语英文学科 毕业
　　大邱天主教大学校 英语英文学科 毕业(硕士)
　　美国科罗拉多州立大学 英语学科(TESOL 硕士)
　　美国科罗拉多大学校 语言学科 毕业 (博士)

全美香

　　启明大学校 教养教育学院 教授

　　启明大学校 英语英文学科 毕业
　　梨花女子大学 英语英文学科 毕业(硕士)
　　启明大学校 英语英文学科 毕业(博士)

(译者) 李春姬

　　延边大学 学士, 首尔大学 博士
　　现 启明大学 汉文教育学科 教授

한경임

　　계명대학교 교양교육대학 조교수

　　대구가톨릭대학교 영어영문학과 졸
　　대구가톨릭대학교 영어영문학과 (석사)
　　미국 콜로라도 주립대학교 영어학과 (TESOL 석사)
　　미국 콜로라도 대학교 언어학과 (박사)

전미향

　　계명대학교 교양교육대학 조교수

　　계명대학교 영어영문학과 졸
　　이화여자대학교 영어영문학과 (석사)
　　계명대학교 영어영문학과 (박사)

번역 이춘희

　　계명대학교 한문교육과 교수